U0196077

图书在版编目（CIP）数据

绿叶的魔法 / 王瑜著 . -- 上海：少年儿童出版社，
2024. 11. --（多样的生命世界）. -- ISBN 978-7-5589-
1981-7

Ⅰ . Q944.56-49

中国国家版本馆 CIP 数据核字第 20241XD338 号

多样的生命世界·萌动自然系列 ③

绿叶的魔法

王 瑜 著

萌伢图文设计工作室 装帧设计

黄 静 封面设计

策划 王霞梅 谢瑛华

责任编辑 赵晓琦 美术编辑 施喆菁

责任校对 黄 岚 技术编辑 陈钦春

出版发行 上海少年儿童出版社有限公司

地址 上海市闵行区号景路 159 弄 B 座 5-6 层 邮编 201101

印刷 上海雅昌艺术印刷有限公司

开本 787×1092 1/16 印张 2.5 字数 9 千字

2025 年 1 月第 1 版 2025 年 1 月第 1 次印刷

ISBN 978-7-5589-1981-7/N·1304

定价 42.00 元

本书出版后 3 年内赠送数字资源服务

上海科普
Shanghai Science
Popularization
上海市科委科普项目资助
〔项目编号：23DZ2302700〕

多样的生命世界 ◯ 萌动自然系列 ③

绿叶的魔法

◯ 王 瑜 / 著

我是动动蛙，欢迎你来到"多样的生命
世界"。现在，就跟着我一起去见识一下绿
叶的魔法吧！

密码：dydsmsj#MagicPlants

少年儿童出版社

绿色世界

　　绿色是植物的象征，无论在世界的哪个地方，只要是有阳光、空气和水的地方，总是能看到植物的绿色身影。如果没有植物，就没有适合人类和其他动物生存的环境，因为在自然界里，只有绿色植物能够制造自身生长所需要的养料，这些养料还"养活"了几乎所有的动物。

　　更重要的是，植物在合成养料的同时，还释放出人和动物生存必不可缺的氧气！

"解剖"绿叶

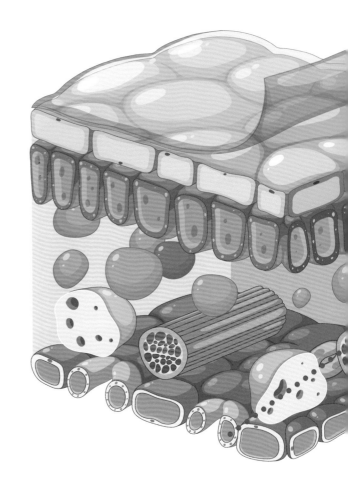

　　那么，植物是怎么制造养料的呢？这些养料又是在哪里被制造出来的呢？

　　所有的"魔法"都藏在植物的绿叶中。

　　大多数植物的叶子都呈扁平的薄片状，所以叫"叶片"。绿叶看似简单，可如果对它进行解剖，再把它放到显微镜下观察，你就会发现绿叶里的"不简单"。

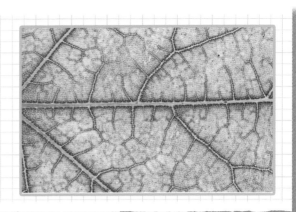

有些植物的叶脉十分密集，1平方厘米上的叶脉长度如果加在一起，竟然可以达到70厘米！

03

绿色护卫墙

在叶片的表面，有一层或几层排列紧密的细胞，它们组成了叶片上下表面的表皮部分。表皮外面有时候还覆盖着一层蜡质或角质层，有些还有各种茸毛，它们和表皮细胞共同组成了一道"绿色护卫墙"。

绿叶的门户

表皮细胞这道"围墙"上有一些特殊的通道——气孔，它们是植物与环境联系的"大门"。气孔很小，用肉眼是看不见的。不过，在显微镜下，它们密密麻麻到处都是。

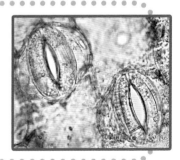

养料运输线

在植物叶片中，有许多粗细不同、四通八达的细微管道，这就是叶脉。它通过叶柄与茎枝连通，起着输送物质的作用：将水和矿物质输入叶片的各个部位，把叶片制造的养料输出到植株"全身"。叶脉所起的作用，和人体中的血管差不多。

叶肉里的细胞

叶片中，夹在上下两层表皮细胞之间的叶肉部分，是叶片最发达、最厚实的部分。叶肉由许许多多叶肉细胞组成，每个叶肉细胞里都有各种各样微小的细胞器，它们的形状、功能各不相同。其中有一类绿色的细胞器，叫作叶绿体，它们既是叶片呈现绿色的主要原因，也是绿叶施展"魔法"的主要场所。

迷你绿球

大多数叶绿体像一个绿色的小球，有的呈椭圆球体，像一个迷你橄榄球。在显微镜下看，这些小绿球好像被压扁了。通常，一个叶肉细胞中有 20 ~ 50 个叶绿体，多的可以达到 200 个。

叶绿体虽然微小，内部结构却不简单，就像是一个迷宫。比这更复杂的是，在每一个叶绿体里，都在持续地发生着一件对整个世界来说都很重要的事情。

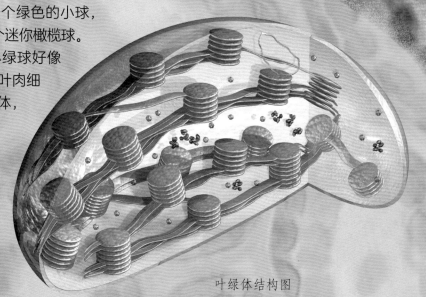

叶绿体结构图

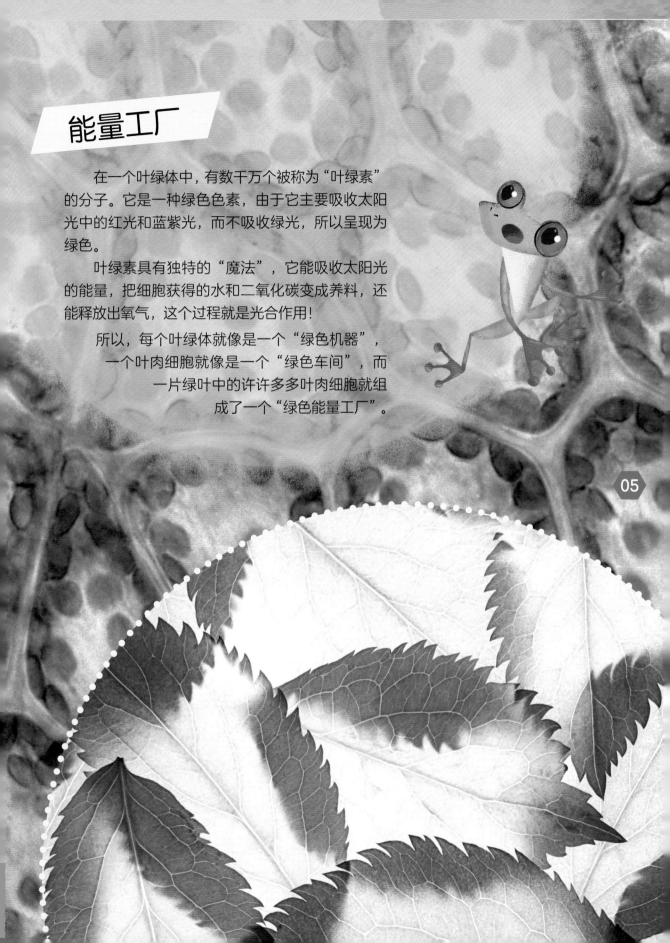

能量工厂

在一个叶绿体中，有数千万个被称为"叶绿素"的分子。它是一种绿色色素，由于它主要吸收太阳光中的红光和蓝紫光，而不吸收绿光，所以呈现为绿色。

叶绿素具有独特的"魔法"，它能吸收太阳光的能量，把细胞获得的水和二氧化碳变成养料，还能释放出氧气，这个过程就是光合作用！

所以，每个叶绿体就像是一个"绿色机器"，一个叶肉细胞就像是一个"绿色车间"，而一片绿叶中的许许多多叶肉细胞就组成了一个"绿色能量工厂"。

05

叶绿体"变魔法"

在自然界中，只有绿色植物才能进行光合作用，这是因为它们拥有叶绿体这种神奇的"魔杖"。那么，小小的叶绿体到底是怎么通过光合作用来"变魔法"的呢？

叶绿体内完成的光合作用是一个非常复杂的过程。

气孔

A　当叶绿体中的叶绿素吸收了来自太阳光的能量，首先是把细胞中的水分解成氢和氧。

我倒想看看叶绿体变的"魔法"到底有多神奇？

B　一方面，氢和来自空气中的二氧化碳作用，生成碳水化合物，也就是我们所熟知的有机物。另一方面，这个化学过程还会产生氧气。

原来植物需要的营养是这样"生产"出来的，真了不起！

去小程序探寻光合作用的奥秘！

A

C

D

C 　无数细胞中的叶绿体产生的碳水化合物在叶片中汇集起来，通过叶脉输送到枝和茎，再输送到植物体的各个部位，就成为植物生长的养料，它们也是其他生物包括人类的食物基础。

D 　植物叶中囤积了从根部吸收的水分，空气通过气孔进入到叶片，"绿色工厂"已经准备好了光合作用的"原料"。

叶绿体

E

B

E 　与此同时，光合作用产生的氧气也在叶片中不断汇集，并且通过叶片表面的气孔排放到空气中，成为地球上其他生物生存的基本条件。

能量如此转换

绿叶在进行光合作用的过程中，不但合成了碳水化合物，还把一部分太阳能转换成了化学能，并将这些能量储存在碳水化合物中。这些带有能量的碳水化合物成为人类和其他动物的食物，也就同时把能量转换成了人类和其他动物自身的能量。

人类现在长期使用的主要能源，如天然气、石油、煤炭等，其实都是很久以前植物通过光合作用储存的能量。

所以说，遍布地球的绿色植物，把取之不尽的太阳能转换成了所有生物自身所拥有的能量和所需要的能量。一棵大树，就像是一座能量转换塔！

我的能量也是从植物来的。

开花结果需要能量

运输有机物需要能量

合成有机物需要能量

吸收水分和无机盐需要能量

呼吸呀呼吸

植物通过光合作用储存能量和"制造"氧气，与此同时，它还需要吸收一部分氧气，把体内的有机物分解成二氧化碳和水，产生能量，来供给植物的所有生理活动。这个过程叫作呼吸作用，它和光合作用的过程是相反的。

和光合作用主要在叶片里进行不同，植物的各个部分，根、茎、叶、花、果，都进行着呼吸作用。和我们人类一样，植物一旦停止呼吸作用，就无法存活了。

自然瞭望台

茎枝也能干

植物的光合作用主要是在叶片中进行的，但有些特殊植物的叶片已经退化，它们靠绿色的枝和茎来进行光合作用，例如文竹、仙人掌等。

氧气 VS 二氧化碳

根据估算，地球上的植物每年大约能释放 800 亿吨氧气，陆地绿色植物贡献了其中大约 55%，其余的是海洋中的绿色植物（主要是藻类）产生的。

地球上每年被绿色植物吸收的二氧化碳大约在 100 亿吨至 200 亿吨，通过光合作用它们被转化为有机物。

降温妙法

　　叶片进行光合作用，当然是在阳光下进行的。可是，难道植物不怕太阳晒吗？

　　原来，绿叶的"魔法"里还有一招，叫作蒸腾作用。叶片进行光合作用时，会不断地从叶子表面的气孔向大气中蒸发水分，同时散发热量。这些蒸发的水分比叶片用来进行光合作用的水分要多得多。正是通过蒸腾作用，植物体才能保持适宜生长的温度，而不至于被太阳光晒"蔫"。

气孔开关

叶片上的气孔，不但是气体进出的通道，也是叶片蒸发水分的主要出口。大多数植物的蒸腾作用一般在白天进行，这时，叶面上的气孔大开，水分蒸发散失，带走热量；到了晚上，气孔会自动关闭，防止植物体内的水分流失过多。

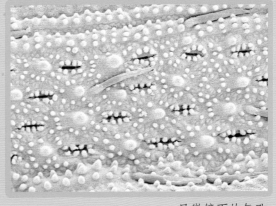

显微镜下的气孔

黑夜蒸腾

不过，生长在干旱酷热地区的一些植物的蒸腾作用时间却是相反的。仙人掌的叶片已经退化了，不过它的肉质茎上也有许多气孔。白天，这些气孔紧闭"大门"，这样能减少水分损失；到了温度较低的晚上，气孔才逐渐打开，有控制地进行蒸腾作用。这种黑夜蒸腾的方式，是仙人掌为了适应环境而"习得"的特殊本领。

抽水泵

植物根怎么会有"吸力"，能把地下的水送到高高的树梢叶子中呢？

其实，根的"吸水"本领，很大一部分要归功于叶子的蒸腾作用。正是因为叶子向空气中散发了大量水分，在植物体内产生了一种向上的拉力，增强了植物根的吸水能力，才使得水和矿物质在植物体内输送的效率大大提高。

散失

利用

运输

吸收

植物也会"动"

说到植物和动物的区别，很多人会脱口而出：动物会动，植物不会动。不过，这个答案并不可靠。根和枝叶的生长，藤蔓的攀爬，其实都是植物在"运动"，只是这些运动通常难以用肉眼观察到。

虽然大多数植物确实不像动物那样自主地活动，但还是有一些植物具备特殊的"运动天赋"。

"害羞"的小草

你见过含羞草吗？它是一种多年生草本植物，长着漂亮的羽状复叶，小叶片两两相对，整齐排列。如果轻轻地触碰它的小叶片，本来平展排成两列的小叶片，就会齐刷刷地相对合拢下垂；如果触碰得重一点，原本挺直的整片复叶都会低垂耷拉下去，好像害羞得"低下了头"。

叶子的"开关"

含羞草的叶片当然不是真的会"害羞"。在被触碰时，它的叶片合拢下垂，实际上是对外界突然刺激的一种应激反应，这是保护自己的一种方式。

在含羞草的叶柄和小叶基部，有一个膨大突起的结构，叫作叶枕，里面储存了大量水分。当叶片受到触碰震动时，信息在不到 0.1 秒的时间里就被传递到了叶枕。叶枕就像一个开关，迅速调节内部的水分压力，并把这种压力变化传递到小叶片，使得小叶片瞬间合拢。

过了一段时间，叶枕"开关"会再次调节水压，于是合拢的小叶片就重新展开了。

微微闭合

闭合

完全闭合

看来，可以用
它来预测地震啦！

动动蛙笔记 ▶

地震预警没问题

在通常情况下，含羞草的叶子在白天展开，到了夜里会自动合拢，这是一种对自然环境适应的结果。在特殊情况下，比如即将发生地震时，含羞草能敏锐地"感受"到环境的异常变化，提前闭合叶子。

跳起舞来

跳舞草

天生舞蹈家

　　你相信吗，跳舞草真的会跳舞！

　　跳舞草的叶子由三片小叶组成，中间的一片特别大，两边的小叶比较小。在阳光的照耀下，只要对着跳舞草唱起歌来，叶片两边的小叶就会"跳起舞来"，有时左右旋转，有时上下摆动，有时还会向上合拢。

　　科学研究发现，跳舞草在受到强烈阳光、声音变化时，植物体内的细胞能通过水分调节等方式，迅速改变叶片的方向，以避免受到伤害。还有一种可能，就是跳舞草通过叶片"跳舞"的方式来威吓昆虫的侵袭。

呱呱呱，可以邀请跳舞草为我"伴舞"咯！

抓个虫虫当点心

捕蝇草称得上是植物中的"动作明星"。它的叶子发生了奇特的变化，长成了左右两瓣，形似夹子，边缘还长着排列整齐的刺。夹子的内侧，长着一些特殊的感应毛，能敏锐地感受到外界的触动。

当昆虫落到"夹子"表面时，感应毛被触动，立刻将信息传递给整片叶子。叶片随即通过调整水分压力，使左右两瓣叶片快速合拢，而且叶片外缘的刺毛交叉相扣，将昆虫围困在其中，无处可逃。随后，叶片会分泌出消化液，将猎物逐渐分解并吸收。

我粘粘粘

茅膏菜是一种不起眼的小草，可它也有一套特殊的捕虫术。它的叶子上长着密密麻麻的腺毛，腺毛顶端有一个透明的小球，里面充满带有香气的黏液。昆虫抵挡不住诱惑，落在叶子上时，腺毛里的黏液就会释放而出，像胶水一样粘住昆虫。与此同时，周围的腺毛也会瞬间弯曲过来，纷纷释放黏液，最后将猎物牢牢困住。

动动蛙笔记 ▶ 营养补充

像捕蝇草、茅膏菜等食虫植物，本身就能够通过绿叶进行光合作用，又能借助特殊的器官——叶子的变形部分，用特殊的"动作"来捕捉昆虫，补充营养。这种方式既满足了这些植物增强生长繁殖能力的需要，也是它们为适应特殊环境而进化的结果。

第一片绿叶

无论是高大的树木，还是低矮的小草，都是从一颗小小的种子在土壤里悄然发芽开始成长的。当幼嫩的芽顶破土壤表面，一株绿色植物就诞生了。

植物从幼芽开始，长出最初的茎，长出第一片叶子，从此开始，它们就依赖绿叶进行光合作用所产生的有机物来长大、长高。植株长出的绿叶越多，光合作用积累的有机物就越多。

绿叶的功劳

叶子里的有机物通过叶柄，输送到茎，使得茎增粗、长高；有机物传输到枝芽，从而长出更多的枝条、更多的绿叶；有机物通过茎向下传输，使得根系长粗、变密，从而能收集更多的水分；有机物输送到花枝，等到环境条件合适了，就能促使花芽开花，然后结出果实。

所以，绿叶、绿叶的光合作用、光合作用产生的有机物，可说是植物生长和繁衍的原料库和能量库。

茶的嫩叶

　　植物在成长的过程中，会不断长出新叶，它们都是从叶芽发育起来的。

　　茶树的叶芽其实就是第一片叶子的雏形，它卷缩着，上面有许多茸毛。逐渐地，柔嫩的芽舒展开来，成了第一片叶子，又长出第二片、第三片……

　　优质的茶叶，一般就采摘一芽一叶或一芽两叶，因为这样的茶叶最为鲜嫩，芽中的氨基酸最为丰富，嫩叶则积累了足够的儿茶素和多酚类物质，泡出来的茶气味清香，口感甘醇。

一芽两叶

17

绿色显现

我们已经知道，大多数植物的叶片呈绿色，这是因为叶片细胞中有大量叶绿素，它能够强烈地吸收太阳光中的红光和蓝紫光，却对绿光"不感兴趣"，所以，植物叶片看上去就呈现为绿色。

叶绿素有很多种，结构也很复杂，它存在于几乎所有的植物中，连红藻、褐藻和光合细菌中都有叶绿素。

离不开光照

　　叶绿素是绝大多数绿色植物"天生"就有的，可以通过种子等繁衍方式传给下一代。但是，叶绿素的形成也会受到很多因素的影响，比如说光照就很重要。大多数植物在光照条件良好的情况下，都能正常地合成叶绿素，叶片也呈现出青绿的色彩。可是，如果没有光照呢？

　　青绿的韭菜苗如果放在黑暗的环境中生长，要不了几天，它就会长成通体黄白色的韭黄。这是因为，没有光照，植物体内的叶绿素就不能正常地合成。不过，如果把韭黄再放回有光照的地方，很快它就能恢复成绿色。

韭黄

19

暗光下生长

　　也有一些植物，即便是在黑暗或者光线很弱的情况下，照样能合成叶绿素。松柏类植物的叶就有这种本领，它们看上去是那么碧绿苍翠。喜欢生长在背光庇荫处的蕨类植物和苔类植物也总是绿意盎然，它们的叶细胞中有丰富的叶绿素，能够利用微弱的光线进行光合作用。

柏树

蕨类

苔类

绿色之外

　　绝大多数植物的叶子因为含有叶绿素而呈现为绿色。不过，千万不要以为，植物叶中只有叶绿素这一种色素。

　　在植物的叶细胞中，除了叶绿体，还有许多其他细胞器和细胞液。在细胞液中，有一种叫作花青素的色素，它的颜色就不是绿色的。即便是名字中有个"绿"字的叶绿体，除了含有叶绿素外，也含有胡萝卜素、叶黄素、藻色素等其他颜色的色素。

胡萝卜素

　　胡萝卜素，从名字上就能想到，它的颜色是胡萝卜的橙黄色。其实，番茄和红辣椒中的红色素也属于胡萝卜素。胡萝卜素有很多种，存在于不同的植物中，除了胡萝卜，西兰花、菠菜等颜色深绿的蔬菜中也含有大量的胡萝卜素；一些瓜果，如南瓜、芒果、杏子中，胡萝卜素的含量也很高。

　　胡萝卜素不仅是植物中的常见色素，还是合成维生素 A 的重要原料呢！

以后我要多吃胡萝卜，补充维生素。

叶黄素

叶黄素主要呈现为黄色和褐色，它们大量地存在于植物的叶细胞中，只是因为在气温较高、光照良好的春夏季节，叶绿素占据着明显的优势，所以叶子呈绿色，叶黄素的颜色显不出来。

可是，叶绿素不够稳定，温度、光照、酸碱度等因素都会使其发生变化。例如，到了秋天，温度下降，光照也没有之前那么强烈了，许多植物叶细胞中的叶绿素就会逐渐分解。相反，叶黄素却很稳定，一旦叶绿素减少，叶黄素的颜色就显现出来了。叶黄素的黄色替代了叶绿素的绿色——叶子就这样变黄了！

变叶木

银杏叶

21

动动蛙 笔记 ▶

"支援"叶绿素

叶黄素和胡萝卜素都属于类胡萝卜素，它们主要吸收太阳光中的蓝紫光，所以呈现为橙色、红色、黄色和褐色。不过，不要以为类胡萝卜素是和叶绿素"对着干"的色素，其实类胡萝卜素把吸收蓝紫光获得的能量传递给了叶绿素，这能帮助叶绿素更好地进行光合作用。

"紫色植物"

花青素

植物中因为含有花青素，所以才会开出五颜六色的花朵。花青素很"善变"，有时候变成红色，有时候又会变成蓝色、紫色。这和它本身在植物细胞中的含量有关，也和细胞中其他色素、化合物的含量有关，还受细胞液酸碱度的影响。

花青素的名字中虽然有个"花"字，但它不只存在于花中，而是在植物的全身都有分布。在紫甘蓝、紫鸭跖草等植物的叶子中，花青素占据了优势地位，"遮盖"了叶绿素的颜色，所以这些植物的叶子就成了紫色。还有红苋，其叶片的大部分也是紫红色的。

紫鸭跖草

藻色素

藻色素是一类存在于海藻中的特殊色素。在深海中，生活着大量红藻、褐藻、蓝藻等不是绿色的植物，不过它们体内也有叶绿素，只是由于深海中光线很暗，藻类中的叶绿素不能直接进行光合作用。可是，藻色素中的藻红素却能吸收微弱的绿光、蓝光、紫光，藻蓝素能吸收橙光、黄光，它们把获得的这些光能传递给叶绿素，这样海藻就能在深海中进行光合作用了。

红藻

动动蛙笔记 ▶

"紫色植物"的光合作用

　　像紫甘蓝这样的"紫色植物"，虽然花青素显示的颜色在叶子中占据优势，但其实叶片里还是含有大量叶绿素的，所以它们仍然能正常地进行光合作用。

紫甘蓝

俏叶胜花

彩叶缤纷

　　彩叶草的叶子恰如它的名字，色彩绚丽多变，有红色、紫色、橙色、黄色、褐色等，经过培育的品种还有各种漂亮的斑纹，以致人们在欣赏彩叶草时，只关注那些五彩鲜艳的叶子，而完全忽略了它们的花朵。

　　彩叶草的色彩，完全是花青素在"变魔法"。

似花非花

　　你见过一品红这种植物吗？它的叶子本来都是绿色的，可是每当秋去冬来，一品红到了开花季节时，花丛下的一些绿色苞叶就会逐渐变成朱红色，很容易让人误以为它们就是花瓣。其实，这是由气温等因素造成叶子里积累的花青素"显色"了。

　　除了大红色，一品红的苞叶还有黄色、白色、淡红色等颜色，这当然也是花青素在"调色"喽！

一品红

去小程序探寻枫叶变色的奥秘!

满山红叶

你见过漫山遍野红叶渲染的景象吗？其实，在刚刚过去的夏天，这些树叶还是碧绿的呢。可是，随着深秋季节的到来，气温逐渐下降，叶片中的叶绿素很快就被破坏了，绿色不再，而在叶子中积累了一个夏天的花青素，逐渐显露出它迷人的红色。于是树叶从绿色变为黄绿色，并最终变成鲜艳的火红色。

和枫叶相似的，还有乌桕和鸡爪槭，它们也是满山红叶景象的创造者。

枫叶

25

鸡爪槭

乌桕

落叶飘满地

随着秋天的到来，气温渐渐变冷，许多温带地区树木的叶子纷纷变黄，最终全树的叶子都枯萎脱落，仅剩下光秃秃的枝干。这些树就是落叶树。

落叶的秘密

树为什么会落叶呢？

原来，温带地区到了秋季，光照减弱，气温降低，雨水减少，植物的光合作用大大减弱，但植物的叶仍然会通过蒸腾作用散失水分，这对植物十分不利。因此，许多植物通过落叶的方式来减少蒸腾，保持体内水分，以抵御冬季寒冷的气候。这种习性是植物在长期适应环境的过程中形成的。当这些树木度过寒冷或干旱季节之后，便会长出新的叶片。

自然瞭望台

旱季落叶

树木落叶的现象并不只在温带地区常见，一些热带地区有明显的旱季，往往几个月不下雨。所以，像生长在非洲热带的猴面包树，就会在旱季来临前落叶，以减少树木在漫长旱季中的水分流失。

猴面包树（雨季）

猴面包树（旱季）

先花后叶

落叶树度过了寒冷的冬天，到了春天，随着气温升高，就会在枝顶或叶腋处冒出新绿的芽，这些芽不断生长，最终长成新枝、新叶，或开出鲜花。

大多数树木都是先长叶后开花的，但也有一些树木，如玉兰、梅花、樱花等是先开花后长叶的。根据科学研究，植物长叶和开花的先后，是由花芽和叶芽所需的环境温度所决定的。

玉兰

梅花

樱花

常绿树

桂花树

常绿树是指那些一年四季都长满绿叶的大树，也包括一些灌木。看上去，它们的绿叶好像从来不会老化脱落似的。大家比较熟悉的有桂花树、夹竹桃、女贞等。

其实，常绿树的叶子也会脱落，只是它们每年春季都会长出许多新叶，而只有少数老叶会逐渐脱落。新叶成长比老叶脱落得更多，所以看上去整树全年都保持着常绿的外观。

女贞

夹竹桃

常绿树叶的寿命

落叶树的树叶寿命通常不到12个月，和落叶树相比，常绿树的树叶寿命更长，通常在两年以上，有的甚至能存活七八年之久。

常绿树也会落叶，主要原因不是恶劣的气候条件，而是一些老叶的细胞中积累了大量的代谢产物，使得叶绿素被破坏，或者是由于其他原因产生某些生理功能障碍，导致叶片衰竭、脱落。

罗汉松的叶子七八年都不会掉落呢！

罗汉松

阔叶与针叶

常绿树的叶子一般比较厚实，称为革质，表面常常有蜡质层。它们可以分为阔叶和针叶两大类。

常绿阔叶树不仅有高大的乔木，还包括许多灌木。它们的叶子比较宽，大多不耐寒。常绿阔叶树主要分布在热带和亚热带地区，许多种类混杂生长在一起，其中也有不少落叶树种，组成阔叶林。

常绿针叶树的叶子通常比较细窄，呈针形、条形或者鳞形。这类常绿树主要就是松树和柏树，多为高大的乔木，生长在温带和寒带地区，比较耐寒。常绿针叶树常常形成大面积的森林，叫作针叶林。

阔叶林

针叶林

出淤泥而不染

去小·程序了解荷叶的神奇本领！

30

荷花又称莲花，是一类生长在池塘泥沼中的水生植物。它不仅花朵硕大艳丽，而且荷叶挺出水面，不沾泥污，常年保持清新洁净。

荷叶的"自洁"本领

荷叶表面有一层极其细密的蜡质颗粒，它们与荷叶表面细密的茸毛一起，构成了一道非常有效的"防水层"。当自然界的水落到荷叶上时，由于受到"防水层"的排斥，水自然地聚集成大大小小的水珠，它们在叶面上滚来滚去，吸附了叶面上的灰尘，并最终滚离叶面，荷叶由此实现"自洁"效果。

显微镜下的荷叶

在高分辨率的显微镜下，我们可以清晰地看到，荷叶表面密布微小的突起，这些突起使得小水滴根本无法渗透到叶子里，而只能在小突起"顶上"滚动，最终汇聚形成较大的水珠，带走叶面上的灰尘。

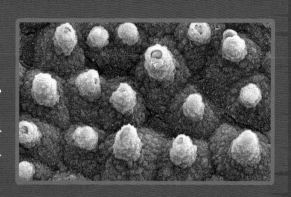

荷叶效应

荷叶的"自洁"现象被称为荷叶效应，它能有效减少环境中各种有害细菌、真菌对植物的侵害。

从荷叶效应这种自然现象得到启发，现代科技通过仿生学的方法，采用疏油、疏水的材料制成涂料、薄膜、织物、皮革等，也能起到防水、防污、自洁的效果。

31

准备好了吗？一起来做个荷叶效应小实验吧！

小程序教你做实验！

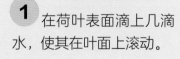

1 在荷叶表面滴上几滴水，使其在叶面上滚动。

2 将一些胡椒粉撒在荷叶表面上，滴上几滴水，轻轻晃动荷叶，让水滴在荷叶表面有粉尘的区域慢慢滚动。

3 取一片荷叶，用手指在荷叶表面轻轻揉搓，然后在揉搓过的地方滴一滴水，观察荷叶效应是否仍然存在。

认识行道树

城市中的行道树能起到绿化环境、净化空气、遮阳避暑等作用。你认识这些常见的行道树吗？你知道它们哪些是常绿树，哪些是落叶树吗？

桂花

鹅掌楸

柳树

栾树

水杉

悬铃木

33

广玉兰

香樟